尖端技术 STEM

U0337397

孩子一看就懂的尖端技术

计算机与树莓派

[美]克里斯妮娅·波雷·高度 著

周睎雯　孙宁玥 译

陕西新华出版传媒集团

陕西科学技术出版社

Shaanxi Science and Technology Press

Copyright © 2019 by Lerner Publishing Group, Inc.

著作权合同登记号：25-2019-082

图书在版编目(CIP)数据

孩子一看就懂的尖端技术. 计算机与树莓派/（美）克里斯妮娅•波
雷•高度著；周晬雯，孙宁玥译. —西安：陕西科学技术出版社，2019.6
书名原文：Cutting-Edge: Computing with Raspberry Pi
ISBN 978-7-5369-7567-5

Ⅰ.①孩⋯　Ⅱ.①克⋯　②周⋯　③孙⋯　Ⅲ.①科学技术—少儿读物
②电子计算机—少儿读物 Ⅳ.①N49 ②TP3-49

中国版本图书馆CIP数据核字（2019）第111778号

孩子一看就懂的尖端技术·计算机与树莓派
HAIZI YIKANJIUDONG DE JIANDUAN JISHU JISUANJI YU SHUMEIPAI

[美]克里斯妮娅·波雷·高度著　周晬雯，孙宁玥译

策　　划	周晬雯　齐永平
责任编辑	王彦龙
封面设计	诗风文化

出 版 者	陕西新华出版传媒集团　陕西科学技术出版社
	西安市曲江新区登高路1388号　陕西新华出版传媒产业大厦B座
	电话（029）81205187　传真（029）81205055　邮编 710061
发 行 者	陕西新华出版传媒集团　陕西科学技术出版社
	电话（029）81205180　81206809
印　　刷	陕西思维印务有限公司
规　　格	787mm×1092mm　16开本
印　　张	2
字　　数	20千字
版　　次	2019年6月第1版
	2019年6月第1次印刷
书　　号	ISBN 978-7-5369-7567-5
定　　价	25.00元

目 录

第一章

什么是树莓派？

2017年9月，一名男子在丹麦海滩上发现了一个小塑料泡沫盒，里面装着电线、天线、摄像头和一台微型电脑。其实这就是两个月前，由英格兰学生发射的气象气球上的部分设备。

自制气象气球不仅可以拍照，还能测量据地面20英里（约32千米）高空的气温哦。

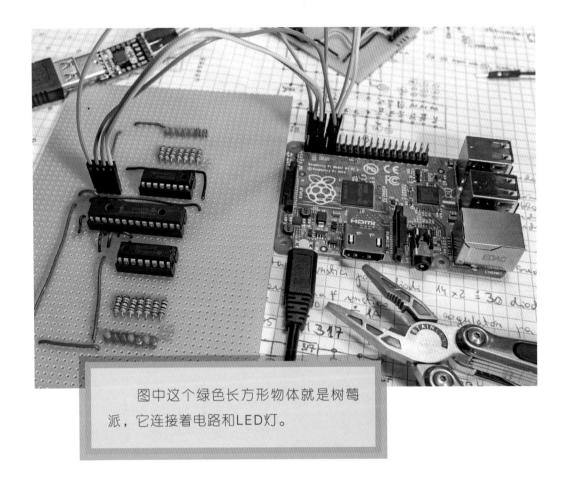

图中这个绿色长方形物体就是树莓派，它连接着电路和LED灯。

　　我们前面说到的气球设备中的微型电脑就是树莓派。千万别小瞧这个只有信用卡大小的东西哦，它几乎可以做台式机和手提电脑能做的任何事情，唯一的区别就是树莓派比它们便宜得多。一个树莓派售价大约只有30美元，而且自己安装就能使用！这个小东西自从2012年问世以来，受到全世界人民的广泛喜爱。从制作视频游戏到机器人，再到气象站，用途真是广泛极了！

电脑里面有什么？

　　说到电脑，你可能会想到它有一个显示屏和一个键盘。但你了解它的内部构造，以及它是如何工作的吗？其实，一台电脑会同时使用硬件设备和软件设备。硬件就是你能看到、触摸到的所有部件，而软件则是指那些告诉计算机如何完成任务的指令。

　　你每天都可能会用到的台式电脑、手提电脑和手机，都是由硬件和软件组成的。

内存越大，计算机运行得越快、越平稳。

　　处理器是电脑最重要的硬件之一，如同人的大脑一样，它会遵照软件的指令运行。电脑另一个重要的硬件是内存，也就是随机存取存储器。内存可以让计算机访问和存储信息，以便快速运行。在计算机内部，这些部件会被连接在一块薄板——电路板上面。

这个树莓派连接了一个存储卡和几个电脑硬件。

树莓派其实就是一个电路板，配有随机存取存储器和处理器。如果你想让它像电脑一样运行，就需要为它接入电源线、长期存储的记忆卡、显示器、键盘和鼠标。如果想上网，只需再接入网线连接互联网就可以啦。这么看来，使用这个神奇的小东西和使用普通电脑真是没什么区别呢。

操作系统作为计算机最重要的软件，一般存储在记忆卡上。它控制所有硬件一起工作，以保证计算机的正常运行。当以上部件都准备就绪以后，就可以像使用普通笔记本电脑或个人电脑一样使用树莓派啦！

如果没有记忆卡，树莓派就无法启动。

科学现实还是科学幻想？

现在，可以用声音控制树莓派啦！

没错！只需再多几个硬件和软件就能实现哦！

你可以准备一部手机、一个扬声器和一个可以识别你声音的程序，将它们与树莓派连接起来。当一切准备就绪，你就能向树莓派提问了，比如"现在几点了"，你也可以问它关于你最喜欢的歌手的信息，它都可以给你正确的答案。

第二章

树莓派下的编程和游戏

树莓派目前还不太流行，只因为它是一种便宜的电脑。但是通过树莓派来了解计算机的工作原理，确实是一条很好的途径。不仅如此，树莓派还能让你的编程学习变得更加容易。

在一次电脑夏令营活动中，学生们在和树莓派一起工作。

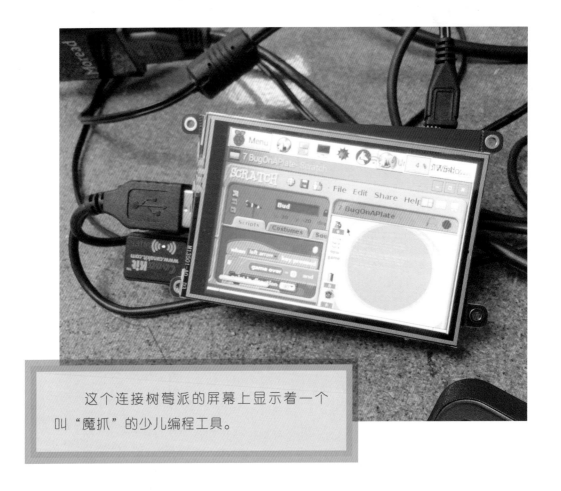

这个连接树莓派的屏幕上显示着一个叫"魔抓"的少儿编程工具。

　　计算机程序是用计算机能理解的特殊语言编写的指令，它可以有许多不同的语言。"巨蟒"（英文名：Python）和"魔抓"（英文名：Scratch）是树莓派常用的计算机程序设计语言。有了树莓派，你可以编写任何你想要的程序，比如各种游戏、应用软件，甚至开发一个自动浇灌植物的系统都没有问题哦！

聚焦编程

作为目前最流行的编程工具，"魔抓"简单易学，而且可以连接树莓派一起使用。相比于大多数由复杂枯燥的字母和符号组成的编程语言，"魔抓"把学习的内容和步骤都用鲜艳的色块呈现出来，这样一来，小朋友就能很容易地看懂指令的含义，以及它们是如何一起工作的。要知道，"魔抓"最擅长的就是制作游戏和卡通动画哦！

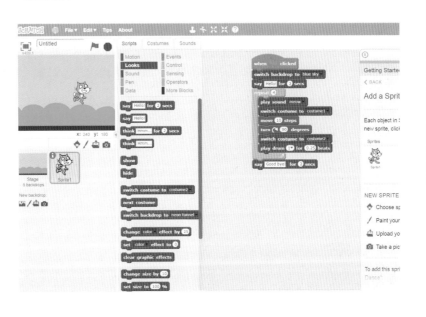

玩转树莓派

很多树莓派使用者都会在"魔抓"上制作和操控小游戏。比如有一款叫"飞翔的鹦鹉"（英文名：Flappy Parrot）的游戏，就可以被我们制作成不同的版本。在"魔抓"上，你可以设计一个角色和景观建筑，然后为角色设计障碍，以及如何使角色在景观和建筑之间移动和穿越等。

图中"魔抓"的色块显示了如何让鹦鹉在绿色管道之间来回移动。

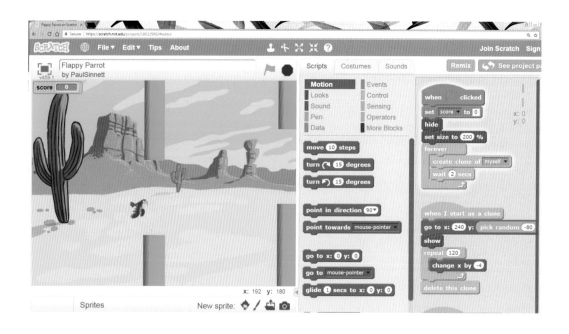

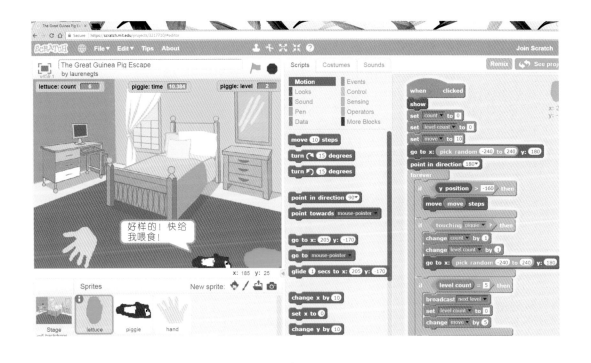

▲

图中的这些"魔抓"色块是移动和喂养小猪的指令。

你可以发挥想象，去制作各种各样的游戏。比如，有一个小女孩就是从她的宠物豚鼠身上得到灵感，开发了一款叫作"豚鼠大逃亡"的游戏（英文名：The Great Guinea Pig Escape）。在这款游戏中，如果能够让豚鼠吃到生菜，就可以得分哦。

不仅如此，如果你想下载或是玩其他电脑游戏，也可以使用树莓派。像"我的世界"就有为树莓派专门开发的特别版。你不仅可以在任何一台电脑上玩这款游戏，还能为它编程输入新的指令，来改变它的外观和玩法。

这些学生正在使用树莓派对"我的世界"的某一场景进行设计。

第三章

创意共享

　　一旦你熟悉掌握了树莓派的工作原理，并且会用它编程之后，就可以做各种各样炫酷的项目啦。现在，很多树莓派使用者都会在树莓派的网站上分享创意和完成项目。这样的形式，可以让更多的人参与项目测试，或许还能给出更好的改进方法。比如，一位女士分享了自己创建的监控系统，用来监控家中无人时狗狗的情况。还有一个被大家称作"树莓派达人"的家伙，他自己制作了一台炫酷的电动滑板车。

　　由任天堂（日本一家电子游戏厂商）远程遥控器操作的"树莓派达人"电动滑板车，速度可达每小时30千米。

图中的学生们正在一场"树莓酱"交流会上研究和讨论项目。

由树莓派协会举办的"树莓酱"交流活动，给热爱树莓派的人们提供了一个很好的交流平台。在那里，树莓粉丝们不仅可以学到更多关于树莓派的知识，还能分享创意和讨论项目。除此之外，协会还有专门的编程俱乐部、网站、杂志和书籍教大家学习计算机和编程的相关知识。

更多硬件

　　有许多树莓派项目是需要额外硬件或全新软件做支持的，比如我们之前提到的那位女士，在她创建的监控系统中，就需要安装扬声器和麦克风才能听到狗狗的叫声。不仅如此，她也表示："为了使整个系统更加完善，我还安装了一个摄像头和传感器呢。"还有那个"树莓派达人"，他用"蟒蛇"（英文名：Python）编程软件编写了大约一百行指令来控制他的滑板车。

这个树莓派连接着一个扬声器。

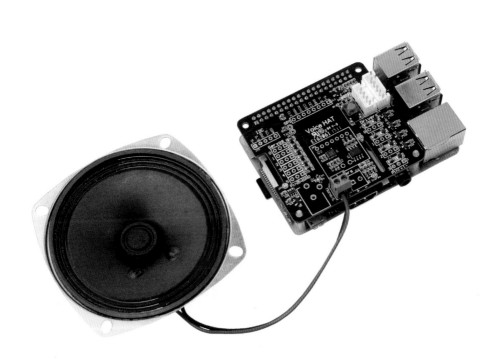

如果你想为自己的房间做一个动态探测器，以确保当有人进入房间时，灯可以自动亮起，就需要一些额外的硬件以及新程序的支持。你可以将灯连接到电脑以及传感器上，这样人走过时，传感器就能识别出来。一旦传感器检测到有人进入房间，程序就会指示电脑开灯啦。

许多室外灯都连接有动态探测器。你知道它们都是由电脑操控进行工作的吗？

科学现实还是科学幻想？

树莓派可以将罪犯"拒之门外"。

这是真的哦！

可能小朋友们都知道，有些锁是通过扫描指纹才能打开的。由于每个人的指纹各不相同，我们觉得这样的方式好像很安全。然而事实并非如此，因为有人已经会制作假指纹来解锁了。现在，3名大学教授已经利用树莓派研制出了一种更安全、更高端的指纹识别仪，叫作树莓派识别仪（英文名：Raspi Reader）。这项发明只需要一盏灯和两个摄像头就可以，而它的额外功能就是可以识别出假指纹哦！

这个树莓派机器人不仅可以走路，还能活动自己的胳膊呢。

另一个树莓派项目是制作遥控机器人。一名男子给他的机器人编入程序，让它可以从地板上捡乒乓球。可爱的机器人拿着铲球的铲子和装球的筐子，它头上的摄像头可以让操作者看清球的位置，然后遥控机器人就可以准确地捡到球啦。

第四章

无限可能

很多人喜欢使用树莓派尝试新点子，来为自己找乐子，比如写个程序，再添加一个新硬件，看看会有什么效果。还有一些人想看看能不能用树莓派来解决世界上的一些难题。

学生们正在学习使用树莓派组装电脑和编写程序。

利用树莓派，科学家可以研究博茨瓦纳（非洲南部国家）一片名叫奥卡万戈三角洲的沼泽区。

一支科学探险队前往博茨瓦纳考察，他们乘小船穿越了这个位于非洲南部的国家，并使用树莓派和传感器网络收集到了关于当地空气和水质的信息。便携式的树莓派让科学家在小船上就能轻松快速地获取信息，然后再实时上传到网站上。

树莓派在教学领域的应用

在世界上的一些地方，小朋友还从来没有用过电脑，还有一些学校甚至也买不起电脑。但是树莓派却不同，它太便宜了，学校只需花一点点钱就能买到。

一些学校拥有大量的计算机及其他先进设备，然而在这个世界上，还有很多学校买不起这些设备。

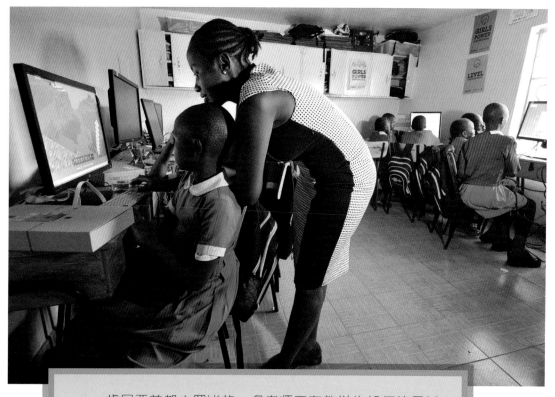

肯尼亚首都内罗毕的一名老师正在教学生如何使用树莓派电脑。这所学校专门为一些上不起学的孩子提供免费教育。

一名叫多米尼克·拉卢的男子筹资向西非多哥的一所学校捐赠了21台树莓派电脑，学校因此设立了一个机房，在那里，学生不仅可以学习编程，还能玩游戏。拉卢希望能筹集到更多的资金，来帮助其他学校建立更多的计算机房。

小朋友们也在使用树莓派来帮助他人。一名居住在美国加州库伯提诺市、名叫哈莉·比马拉朱的小女孩，发明了一种利用声音和灯光帮助有视力障碍的人学习化学的工具。小哈莉带着这项花费很少的发明参加了2016年白宫青少年科学展览会，还和美国前总统奥巴马握手了呢！

　　小哈莉的发明获得了"新思科技硅谷科学技术冠军赛"第一名！

树莓派正在发挥作用！

　　英格兰的一所学校用树莓派建造了一个气象站，他们将传感器与树莓派连接起来，来测量气压、风速、气温以及其他天气因素。学生们也会将当地的天气信息上传到树莓派网站上，与来自世界各地的学校分享交流。美国北卡罗来纳州的学生们利用自己建造的气象站追踪了2017年8月的日食，他们发现在日食期间，气温会有所降低哦。

树莓派的未来

　　对我们来说，树莓派不仅是创造力和乐趣的源泉，还是一种重要的学习工具。使用电脑已是我们日常生活中很重要的一部分，将来，熟悉它们是如何工作以及如何编写程序，将变得更加重要。那么，如果是你，会用树莓派创造出什么呢？

在英格兰的"树莓酱"交流会上，学生们正在研究树莓派项目。

术语表

应用程序（APP）：一种可以实现特定功能的电脑程序。

下载：从互联网上保存信息至计算机上。

探险考察：为研究、学习或探索新事物而进行的旅行。

显示屏：可以显示图像的屏幕。

动态探测器：一种可以感应出物体移动的装置。

程序（计算机）：指导计算机如何完成任务的一组指令。

传感器：一种可以对热、光、声音或运动作出反应的装置。

视觉障碍：看不清楚。

相关图书及网站推荐

推荐图书

1.帕特里夏·哈里斯著，《认识树莓派编码》，美国纽约：英雄少年出版社，2018。

通过这本书，不仅能学习更多计算机编程知识，还能了解树莓派的历史哦！

2.查尔斯·R.塞弗伦斯，克里斯丁·丰蒂恰罗著，《树莓派》，美国安阿伯市：樱桃湖出版社，2014。

来探索如何设置及使用你自己的树莓派吧！

3.凯文·伍德著，《用"魔抓"制作电脑游戏》，美国明尼阿波里斯市：勒纳出版社，2018。

按照指令来制作自己的电脑游戏吧！

推荐网站

1.树莓派

https://www.raspberrypi.org

登录网站，来了解更多关于树莓派的信息吧！你可以找到自己感兴趣的项目、新闻和"树莓酱"交流会，以及附近的编码俱乐部。

2.树莓派项目

https://www.kidscodecs.com/raspberry–pi–projects/

网站提供了大量关于如何设置树莓派、怎么玩"我的世界"的游戏，以及做炫酷项目的视频和链接。

3.魔抓

https://scratch.mit.edu/

快来"魔抓"网站看看其他"魔抓"用户上传的游戏、项目、故事和帖子吧！

索引

图片版权声明